你一定想不到

趣解生命密码系列
原来基因不完美

尹 烨 著　杨子艺 绘

中信出版集团 | 北京

图书在版编目（CIP）数据

趣解生命密码系列．原来基因不完美 / 尹烨著；杨
子艺绘． -- 北京：中信出版社，2021.1
ISBN 978-7-5217-2607-7

Ⅰ．①趣… Ⅱ．①尹…②杨… Ⅲ．①生物学—少儿
读物 Ⅳ．① Q-49

中国版本图书馆 CIP 数据核字（2020）第 255419 号

趣解生命密码系列·原来基因不完美

著　　者：尹烨
绘　　者：杨子艺
出版发行：中信出版集团股份有限公司
　　　　　（北京市朝阳区惠新东街甲4号富盛大厦2座　邮编100029）
承　印　者：三河市中晟雅豪印务有限公司

开　　本：787mm×1092mm　1/16　　印　　张：7.5　　字　　数：47千字
版　　次：2021年1月第1版　　　　　印　　次：2021年1月第1次印刷
书　　号：ISBN 978-7-5217-2607-7
定　　价：48.00元

如果说生命是一套复杂的代码，那么我相信人类的代码中有爱。

愿每一个孩子在生命科学的世界里，发现新的乐趣和方向。

——尹烨

序言一

解读生命密码，
发现更美好的未来！

尹传红

中国科普作家协会副秘书长
《科普时报》原总编辑

    科幻小说中描绘的未来，正在以各种方式和惊人的速度，"浸入"到我们的现实生活里。而日新月异、时刻迭代的生命基因科学技术作为一支不容忽视的强大力量，已然开拓出种种新的可能，极大地扩充了我们对世界的认知，也必将对人类社会的未来产生深远的影响。

    比如，成功的基因疗法让那些长期困扰人类的健康问题，从"根"上就能得到解决！我们已经获取了许多有关健康问题的基因规律。相应地，就可以有针对性地制造新药或进行治疗。这一切，都是拜生命基因科学技术发展之所赐。

然而，对于被称为"生命的密码"的生命基因科学，我们又了解多少呢；你是否知道，为什么有的男孩子喜欢打篮球却不喜欢吹笛子；国宝大熊猫为什么喜欢吃竹子；憨憨的大象为什么几乎不患癌症；威猛的恐龙和猛犸象到底能不能复活……

翻开这套书吧，你定能惊喜地找到答案，并且延伸更多的思考。

在这套图文并茂、饶有趣味的书里，尹烨博士还从多个角度立体地阐释了生命基因科学的一系列基础问题：我们为什么不一样？地球上什么时候出现了生命？生命如何步步演化以适应严酷的生存环境？智慧是怎样诞生的？书中还以十分通俗的语言，揭示了地球上万千物种里的基因奥秘，描述了基因中的缺陷导致的疾病，并探讨了未来对这些疾病的治疗，展望了生命基因科学技术在治疗疾病、改善人类生活质量等方面的应用。

全套书在内容的选取上，也非常贴近日常生活。餐桌网红小龙虾、奇异的传粉昆虫、长寿的银杏、会摆头的向日葵、争奇斗艳的花儿，还有让一些人着迷的灵芝……几乎每个部分都由一个鲜活、常见的生活话题，引出要探讨的有意思的生命科学话题。

为了让孩子们阅读时能更加投入，全书精心打造了故事人物形象。我们的作者化身博学多才、幽默风趣的"尹哥"，在书中耐心地为孩子们答疑解惑、指点迷津，将生命科学知识点故事化、场景化，让大家进入角色，沉浸其中，在体验中学习，在探索中思考。全套书中还配有将近500幅"自带生命"的手绘图片，它们生动、形象、谐趣，为每个知识点铺垫添彩，尽展科学魅力。

尹烨博士的这一新作堪称一部精彩的"生命之书"。相信孩子们读过后，对生命、生灵、自然、万物以及人与自然的关系等，会有一番新的认识和省思。

我为孩子们能读到这套书而高兴，也非常乐于向大家推荐这套优秀的生命基因科学探秘书。真诚希望这套书伴随着你们的阅读和思考，能够带给你们心智的启迪和精神的享受，并且增益你们的智慧，助力你们的进步，见证你们的成长！

解读生命密码，发现更美好的未来！

祝大家阅读快乐！

序言二

基因密码，
打开绚丽多彩的世界

邢立达

古生物学者、知名科普作家
中国地质大学（北京）副教授

　　基因作为生命的密码，它所包含的指令与我们的生活息息相关。放眼望去，我们身边无论猫狗鱼虫，还是花草树木，这些动植物身上都携带着基因，各式各样，纷繁复杂。想不到吧，尽管表面看起来差异巨大，它们竟有不少与我们人类有着同样的基因！当然，基因的奇妙之处远不止于此。所以从这个角度来说，给小朋友普及一些与日常生活息息相关的基因知识，是启迪心智、开拓视野，带他们进

一步认识这个绚丽多彩的世界的良方。

我所熟知的尹烨博士写的这套"你一定想不到：趣解生命密码系列"，就是专门为小朋友讲解生命基因科学知识的书。

在这套生命基因科普书中，尹烨博士化身为青年科学家"尹哥"一角，和两个儿童角色小华、小宁，以及智能机器人小 D，一起代入故事之中，由科学家与孩子们的互动问答，串联起生动有趣的科普知识。书中从多角度立体揭示了基因的奥秘，不仅特别讲到了长时间困扰大家的热点话题，如地球何时出现的生命、生命是如何步步演化的、为何会有疾病、生命将走向何方等，也穿插了诸多个人见解和反思，是一套专门写给孩子的生命科学启蒙书。

完全可以这么说，尹烨博士用有料、有趣、有用的内容，科学严谨的态度，以及孩子看得懂的语言，轻松解答那些古怪又让人忧心的问题。他不仅对复活猛犸象等问题进

行了讲解和答疑，还用浅显的笔触，贴近日常生活的文字，诠释了生命之谜、之趣，毫无疑问，这是适合全家人一起阅读的生命科普佳作。

科普图书千千万，这套书可谓别开生面。它从基因着眼，从小朋友身边常见的鸟、兽、虫、鱼、花、草、树、木入手，更能让孩子近距离感受到基因的神奇之处。它通过讲述我们身边的生命科学知识，将喜闻乐见的话题融进生动活泼的故事，再辅以简洁易懂的文字和精美有趣的插图，如春雨般润物细无声，悄然呈现了遗传学、分子生物

学、基因组学、合成生物学等多个生命科学领域的知识，
展现了生命之美。

　　想必这就是这套图书创作的初衷。

　　愿小朋友们多多学习生命科学知识，更好地了解我们
人类自身，以及这个绚丽多彩的世界。

写给小朋友的一封信

尹 烨

亲爱的小朋友们：

你们好！

我是尹哥，一名科技工作者，也是一名科普传播者。我特别喜欢生命科学，脑袋里有一堆和生物有关的故事，如果有小朋友问起，我的话匣子就关不上了，自己还常乐在其中。这不，我准备了一套书给你，里面是我给两个小朋友讲过的故事，还要向你们介绍一下我的小助手——智能机器人小 D，它也不时出镜，带给我们惊喜呢。

当你翻开这套书时，请想象自己的身体无限缩小，但记得把自己的思维无限展开，因为我们就要开始一段奇妙的旅行，前面等着我们的，是一次次时空变幻，一个个奇妙物种，一片片新的领域，你会看到一些你原本熟悉却并不了解的事。

也许你会不理解，有什么事情是你熟悉却不了解的呢？举个例子吧，你肯定知道青蛙，也知道它对人类有益，但你知道青蛙为什么曾被人强制洗牛奶浴吗？你常看见蚂蚁，也知道蚂蚁是大力士，可你知道蚂蚁当农夫的历史比人类还要久远吗？你知道每个人都是独特的，也知道每个人都面临生老病死，可你知道为什么有的人生下来就有缺陷，而有的人老了会忘记一切吗？还有还有，你知道科技为我们的生活带来了便利，知道现代医学能拯救许多生命，可你知道如何能让瘫痪的人站起来吗？如何才能使已经在地球上消失的动物复活？

我们生活的世界实在是太神奇了，人只是世间万物中的一员，而且在地球历史上出现的时间并不算长。假如地球只有一岁，人在最后一天的午夜才站上食物链顶端。我们真的没有那么厉害，自然界中许多动植物、微生物都有自己的过人之处，相对而言，在演化的长河中，人才是生存能力最弱的生物，而且，我们亏欠自然的也很多。要想继续待在食物链顶端，我们需要好好地向自然学习，与自然和谐相处。

我告诉你个小秘密，尹哥很可能是你的远远远房亲戚。别看我现在的个头比你们的大很多，但是，我们基因的相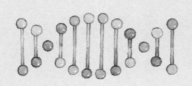似度却很高。这就提示我们大概在几万年前，我们有着共同的祖先。还有啊，你也许没有想过，你和身边的万物都有联系。基因是我们的遗传物质，正是因为有了父母提供的基因，世界上才有了你。当你外出踏青的时候，你脚下的小草其实是你的远亲；当你在动物园里看动物的时候，笼子里看着你的猴子、猩猩、狮子、大象……都与你拥有着共同的生命基础——细胞和基因；当你吃下每一口食物的时候，你肠道里的微生物同样因为获得食物而活跃不已，从年龄来算，它们都算是你的先祖，如今寄居在你的身体里，帮助你消化食物，也控制着你的情绪和行为。

生命实在是太奇妙了，我已经迫不及待地要和你分享你和它们的故事。世界实在是太广阔了，远到 40 亿年前，近到一秒钟之前，每一个时间刻度上都有说不完的故事，每一个地方都有神奇的事情发生。

　　你准备好了吗？这就和尹哥、小华、小宁、小 D 一起出发，开始这段有趣的旅程吧！

人物介绍

尹哥

作者尹烨的科普形象，睿智幽默的青年生命科学科普达人。

小宁

爱好生物的女生，细心认真，爱追根问底，有时候会有些害羞。

小华

对一切新事物好奇的男生，勇敢好学，爱动手帮忙，有时候会有些粗心。

小 D

生命科学智能机器人，能瞬间读懂每个生物基因组成，存储了现有生命的全部科学知识，有构建虚拟场景的超能力。

我们为什么不一样？

我们不一样！

我们一起讨论下
我们为什么不一样吧！

我们生而不同，无论是外貌、性格，还是习惯、喜好都不一样。正如"世界上没有两片相同的叶子"，世界上也没有绝对相同的两个人，即使是双胞胎也并非完全一样。

为什么我们会如此不同？答案便在基因里，甚至可以说，是它塑造了一切细胞生物，塑造了我们。每一个生命都对应着一本神奇的书，与生、老、病、死有关的所有信息，都被记录在内，我们不妨称它为生命之书。这本生命之书可不是用中文写的，它的语言体系叫碱基，碱基有 A（腺嘌呤）、T（胸腺嘧啶）、C（胞嘧啶）、G（鸟嘌呤）、U（尿嘧啶）五种，其中，A、T、C、G 组成 DNA（脱氧核糖核酸），A、C、G、U 组成 RAN（核糖核酸）。

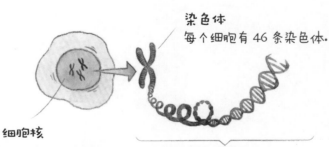

染色体
每个细胞有 46 条染色体.

细胞核
人体有几十万亿个细胞.

基因附在染色体上.

如果把生命比喻成乐曲，那么 A、T、C、G 就是乐谱，细胞则是演奏不同声部的乐手，生命体就是乐团。每时每刻，地球上都有新的生命乐曲奏响，也有乐团谢幕。

每支乐曲的风格不尽相同，比如苹果的听起来像摇滚风，香蕉的或许像古典乐，拟南芥和线虫的类似于童谣，而代表我们人类的，则是交响乐。

A、C、G、U 这四种碱基，可以构成 64 个遗传密码子，共合成 20 种氨基酸。这 20 种氨基酸帮助人类合成所需的蛋白质，维持生命的正常运转。

差点忘了介绍，我们人类的近亲有黑猩猩，远亲那可就多了：公园里的某棵树，树下晒太阳打盹的猫咪，树干上一步一步努力往上爬的蜗牛……如果我们能穿越到远古，甚至穿越到地球生命诞生之初，就会发现，孕育了世界多样性的，是在酸性海洋里悄然生长的有机物，它们正努力适应环境，孕育生命。

漫长的数十亿年过去，
在这颗蓝色星球上，生命来来往往。

有时上一刻还繁盛着，下一刻便离开了，
再也没有回来。

或许，
在不远的未来，它们有可能回来。

目录

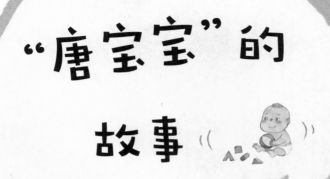

"唐宝宝" 的故事

　　"为什么大家都说班里的东东是糖宝宝？他闻起来不甜呀。"小宁纳闷地问道。

　　小 D 不耐烦地按动自己的屏幕按钮，给小宁讲解："是唐宝宝，不是糖宝宝。"

　　"大家所说的唐宝宝，是一个特殊的群体。"尹哥回答。

　　当你环顾四周，从外貌上看，你会发现，我们彼此并不一样，那是由基因决定的。基因的差异塑造了不同的我们，这些不同，不只体现在外貌上，还体现在健康上。

一些异乎寻常的基因，不仅会让人形成眼距宽、鼻根低平、眼裂小的样貌，还会带来智力障碍、发育迟缓、身材矮小以及其他先天性疾病等问题，这些都是唐氏综合征的表现。

为什么会患这种疾病，这些孩子的基因到底出现什么问题了呢？原来，正常的染色体是有固定数目的，通常成对出现，比如人有 23 对染色体，也就是 46 条。基因突变会导致染色体数目发生变化，如果第 21 对染色体多出来一条，就会罹患唐氏综合征。因此，唐氏综合征也被称为21-三体综合征。

唐宝宝就是患有唐氏综合征的孩子，人们口中的"蜜

唐宝宝　　　　　　　　正常宝宝

糖宝宝"，指的也是唐氏综合征患者。每个孩子都是爸爸妈妈爱的结晶，他们视若蜜糖的宝宝，却有着令人遗憾的健康风险——寿命较短，患病风险高。随着医疗水平的提高，唐宝宝的寿命已经得到很大延长，但还是低于健康人的平均寿命。

20 世纪，科学家们发现了导致唐氏综合征的原因，如今也找到了更安全、更便捷的无创检测法，检测胎儿是否患有唐氏综合征。

孕妈妈的血液里含有胎宝宝的游离 DNA，研究者们通

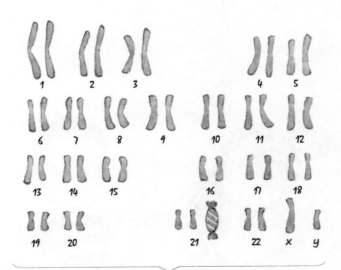

男性 21 - 三体综合征患者的染色体示意图
（糖果代表 21 号染色体多出来的那条染色体）

过检测孕妈妈血液里的这些 DNA 片段，就可以判断胎宝宝的第 21 对染色体是否正常。

尹哥说："基因技术，就是发现我们健康问题的名侦探柯南！"

当然，除了第 21 对染色体，其他染色体的问题也能够检测出来。科学家们正在努力提高检测技术的准确率，扩大能检测出来的疾病范围。

年龄越大的孕妈妈，越有可能生育唐宝宝。每 700 个新出生的宝宝里，大约就有 1 个患有唐氏综合征。每 20 分钟，就有 1 个唐宝宝出生。他们就在我们身边，是我们的邻居、

同学、朋友……而我们很幸运，理应珍惜。

"尹哥，我们应该和东东一起玩吗？"

"当然，和其他同学一样，彼此尊重和支持。"

现在，在大家的关爱和社会的支持下，唐宝宝的生活已经有了很大的改善。有的唐宝宝结婚了，有的进入公司里工作，有的成为乐团指挥，有的成为模特……虽然基因不完美，但并不影响他们的人生绽放光彩。

爱，能遮盖生命的不完美。

没有完美的人，
也没有完美的基因

尹哥，那个白头发、金黄眉毛的孩子是外国孩子吗？

不是，他是月亮的孩子。

月亮的孩子

瓷娃娃

　　"月亮的孩子""瓷娃娃""美人鱼""拇指姑娘"……这些美丽的名字，却代表着一个个令人遗憾的故事。

　　"月亮的孩子"皮肤和眼睛缺乏黑色素，所以他们皮肤白皙，眼睛怕光。炎热又阳光炽烈的夏日，他们避之唯恐不及。

　　"瓷娃娃"骨质脆弱，即使是并不剧烈的运动，也可能会让他们受伤，发生骨折。

　　听起来像童话一样的现实版"美人鱼"，却有着语言障碍、走路不方便的麻烦。

　　一岁多还不到6斤重的"拇指姑娘"发育迟缓，已经因病离开了人世……

美人鱼

拇指姑娘

他们分别是白化病、成骨不全症、雷特综合征、面皮肤骨骼综合征（Costello 综合征）患者。

世界很大，有近 80 亿人。我们身边的大多数人，看起来和我们一样。然而，在我们看不见的地方，有许多人正遭受着病痛的折磨，这些病症并不一样，却有着同一个名字——罕见病。

虽然名为罕见病，且患病率低于几万到几十万分之一，但实际上，患者总人数并不少。据不完全统计，我们国家已经有过千万罕见病患者，比很多欧洲国家的总人口还要多。

为什么会有罕见病呢？

我们的身体宛如一台精密的仪器，在基因的控制下，各个组织配合默契，支持着我们的各种行为。但这些发挥着关键作用的基因，难免有百密一疏的时候。当基因发生突变，可能会带来疾病。那些生来就有的疾病，通常来自遗传。也就是说，爸爸妈妈的基因在融合时，便很大程度上决定了孩子的健康情况。

其实，我们每个人的基因都不完美，都有缺陷，正是这些缺陷导致了罕见病的发生。

那么，为什么这些有害的基因，能一代一代地遗传下来呢？有的科学家说，事情都是有两面性的，那些会导致疾病的基因，也可能会为我们的身体带来好处。

比如，有一种基因会降低红细胞运输氧气的能力，使人患上地中海贫血，但也正是因为运输氧气能力的下降抑制了体内疟原虫的生长，才帮助人体抵抗了疟疾。因此，科学家们假设，或许是为了抵抗更致命的疾病，那些罕见病才能够一代一代地遗传下来。

罕见病能治疗吗？

　　科学家们已经发现有近 8000 种罕见病，可只有约 5000 种能够找到致病基因。

很遗憾，罕见病基本很难治愈。但有些疾病可以预防，比如蚕豆病，不吃蚕豆，不接触樟脑丸，在生活方式上多加注意便可得到有效的控制。还有些疾病能服药控制，比如法布雷病，这是一种十分罕见的 X 染色体连锁遗传的鞘糖脂类代谢疾病，会造成四肢非常剧烈的疼痛，并严重损害肾、心脏、脑、神经等器官，病情呈进行性加重发展态势，如得不到有效治疗将危及生命。医学界已经研发出了对症的药物，但因为价格昂贵，许多患者无力承担。

治疗罕见病是一个与时间赛跑的过程，因为病情恶化，不少患者还没等到科学家研究出治疗方案，就已经离开了人世。

即使困难重重，科学家们也从未放弃寻找治疗方案。

有的科学家想，既然是基因出了错，把它换掉不就好了吗？

于是，针对罕见病，科学家们开始研究基因技术。这项前沿技术目前进展很快，虽然大部分仍处于研发阶段，但一些特定型别的罕见病，比如先天性黑蒙症（一种可引起失明的先天性视网膜病），治疗手段已经获批进入临床应用。相信越来越多的罕见病能够在不远的将来得以治愈。

值得欣喜的是，如今在罕见病治疗的第一步——诊断和预防上，我们已经做得很好了。基因技术基本上能检测出绝大部分罕见病，方便病人对症治疗。即使是携带这些致病基因的人，也能通过检测，了解如何避免后代患上罕见病。

以鱼鳞病为例，这种有很强遗传性的皮肤疾病，会让皮肤无比干燥，让人痛苦万分。如今，科学家们已经能诊断出所有类型的鱼鳞病，也因为对这种病的了解更加深入，有了一些治疗的办法。

相信在基因技术的帮助下，我们能等到一个让罕见病真正"罕见"的世界。

被狗咬伤之后……

　　小华被狗咬伤了！那只肇事的白色小狗在攻击成功后，一溜烟地跑了，留下吓哭了的小华和不知所措的小宁。

　　不一会儿，他们周围就聚集了一大群人，纷纷给他们出主意。

　　一位阿姨说："我刚才看到那条狗了，看起来挺健康的。当时这个孩子盯着它，又把手伸过去想要摸它，这才被咬的。不用担心，擦下碘伏，贴个创口贴就行了。"

　　一个推着婴儿车的妈妈走过来，说："被狗咬伤是大事。小朋友，赶紧让你爸妈带你去打疫苗！万一感染狂犬病可不得了！"

"那要是本来没事，打针打出事来怎么办？没看报道吗？疫苗也不是百分之百安全。"一位大爷也插嘴道。

一个背着书包，看起来像中学生的男孩说："我听我们老师说，有个方法叫十日观察法。现在应该把那只狗抓回来，看看它在十天内会不会出现狂犬病症状，要是没有的话，说明它没病，那就不用打针啦！"

"跑都跑了，怎么抓啊？就算抓到，观察十天，万一那只狗有问题呢？再去医院还来得及吗？别等了，现在赶紧去医院！"

"医院才容易传染上病呢，没什么事别去医院。我这辈子还没见过被狗咬了出事的人呢，费那事干吗！"

一群人围在小华身边，七嘴八舌地发表意见，但谁也没说服谁。

听了这么多意见，小华和小宁更不知道该怎么办了。

正犹豫不决的时候，小宁想起来他们现在就在尹哥办公室附近。"尹哥一定有办法！"她马上拉着小华冲出众人的包围圈，向尹哥求助去了。

"你们怎么来啦？"尹哥听到声音抬起头，看着手上渗出血丝的小华，一下子明白了是怎么回事。他严肃地说：

"走，我们马上去医院！"

在去医院的路上，小华和小宁把其他人的建议都讲给尹哥听，尹哥摇摇头，向他们解释："被狗咬伤后，千万不能抱有侥幸心理，第一时间去医院清理伤口并注射狂犬病疫苗，才是最正确的处理方式。"

"有位老爷爷说，他没见过被狗咬伤出事的人，为什么我们要去打针啊？"小华害怕打针，也好奇老爷爷说得对不对，于是就问尹哥。

尹哥认真地对小华说："不是所有的狗身上都有狂犬病病毒。确实，防疫工作做得好的国家没有出现过狂犬病病例，比如新西兰、冰岛、瑞士、芬兰等。但就怕万一，万一感染上狂犬病病毒，几乎 100% 会死亡。"

尹哥话音刚落，就见小华惊讶得嘴巴张成了 O 形："那……我还是赶快去打针吧。"

听到小华这么说，尹哥笑着轻轻拍了拍他的头，说："别怕，狂犬病病毒有潜伏期，它会躲在我们的身体里，默默地不断强大自己的队伍，而不是马上让我们发病。等潜伏期一过，它就对我们不客气了，会让我们发烧、恶心、头痛、疲倦，然后就会神志不清、怕水怕风、难以呼吸、吃不下

除了狗之外，猫、兔、鼠、蝙蝠等动物也会传染狂犬病，如果被咬伤了，要尽早打疫苗哟!

东西，最终死亡。"

小宁不解地问道："为什么说狂犬病几乎100%会让人死亡啊？尹哥你不是说就算患癌症，也不是100%会死的吗？"

"狂犬病很特殊，这种病毒会侵入脊髓和中枢神经系统，目标是我们的大脑。因为生物共享一些相同的基因，不少能感染人的病毒来自动物，这被称为人兽共患病病原体。狂犬病病毒就是这样一种病原体，因此，如果被携带狂犬病病毒的狗咬伤，人也会患上狂犬病，且一旦发病，死亡率接近100%。根据医学上的记录，除了极个别人，其他的病人都死亡了。"尹哥回答。

小D说："有医生用类似《哈利·波特》里的'大脑封闭术'的方法，成功救治了一个被蝙蝠咬伤的女中学生，那只蝙蝠感染了狂犬病病毒。不过，这种方法很可能损伤大脑，而且之所以能救治，可能是因为蝙蝠传染的狂犬病病毒，毒性没有狗直接传染的强。"

看着小宁和小华吓得惨白的脸，尹哥出声安慰道："也不用太害怕，科学家已经在想办法了，像狂犬病科研计划就是为了诊断和治疗狂犬病而发起的。而且，至少现在我们有疫苗。只要在被狗咬伤后，马上用肥皂水和自来水交替冲洗伤处至少15分钟，然后用碘酒或者浓度为75%的酒精进行消毒，接着立刻去医院或者防疫站打狂犬病疫苗就可以了。如果伤势特别严重，还要补充注射免疫球蛋白。"

"打完针就好了吗？"小华小小声问。

尹哥说："狂犬病疫苗要打 5 针，尤其是被咬后一周内打的 3 针最为关键。小华很勇敢的，对吧？"

尹哥接着说："狗是人类最好的朋友，虽然这位'朋友'有时候会对着我们亮出森然可怖的尖牙，在我们的皮肤上留下伤痕，可就像小朋友之间也会发生不愉快的事情，这些不愉快并不影响我们继续做朋友不是吗？而保护自己，是我们要学会的事。"

到了医院，医生给小华的伤口消了毒，打了狂犬病疫

苗，并叮嘱了一些需要注意的事。

"我以后再也不随便逗陌生的狗了，我会保护好自己，也不会像一些人那样去欺负狗。"

尹哥点点头："小华，你能这么想真的很棒！如果你家里以后养了狗，记得要带它去打疫苗，而且必须打兽用狂犬病疫苗，做好防疫，这样就不会传播病毒了。"

小华和小宁用力地点着头，他们小小的肩膀上，已然承担起了一份责任。

"僵尸"来了：
这不是演习，是真的！

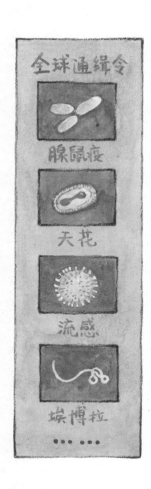

僵尸看起来一点也不可怕！

我们来看看比僵尸可怕的是什么。

你敢看恐怖片吗，里面有僵尸的那种？那些看起来格外吓人的僵尸，他们曾经是人，只是感染了僵尸病毒而变成了这般恐怖的模样。这个病毒有多厉害呢？《釜山行》等电影展示的是，如果被僵尸咬上一口，几分钟的时间里，身体就会发生变异，逐渐成为丧失意识的僵尸，到处寻找可以咬的人。

　　"小小的病毒怎么这么厉害，竟能够控制比它大那么多的人？"小宁不解地问。

　　尹哥告诉她："要知道，文艺作品来源于生活，而生活却比文艺作品深刻得多。僵尸片里的恐怖程度可远远比不上现实生活。"

　　约 1500 年前，全球暴发腺鼠疫，2500 多万人死亡，

历史上那些传染病，可比僵尸恐怖多了。

差不多占当时全球总人口的 13%。500 年前，天花病毒肆虐，杀伤力同样惊人，在欧洲造成约 15% 的人死亡。这种病毒还从欧洲传到美洲大陆，在 100 年的时间里，将那里的 3000 万人口消灭得只剩 100 万人。

我们都患过感冒，每年冬天都会有一次流感暴发，但因为流感而死亡的案例并不多。而在 1918 年，西班牙大流感让全球人担惊受怕，死于流感的人数比在第一次世界大战中死亡的人数还多。也正是这次流感的暴发，导致许多士兵生病甚至死亡，第一次世界大战因而提早结束。

你们全加起来也不是我的对手！

　　这种具有强大杀伤力的病毒，最初来源于猪，不知何故传染到人身上，造成了人间惨剧。遗憾的是，这样的病毒不在少数，因为生物之间共享着一些相同的基因，不少能感染人的病毒都来自动物。

　　如果被携带狂犬病病毒的狗咬伤，人也会感染狂犬病，且一旦发病，死亡率接近100%。而来自野生动物的SARS（严重急性呼吸综合征）病毒，曾威胁不少人的生命，也令人们陷入恐慌之中。埃博拉病毒同样是由动物传播的，致死率达90%，那些感染者看起来如同僵尸一般，最终浑身僵硬，七窍流血而死。

　　僵尸的故事或许有一定的科学性。我们都知道，人死亡后，身体就不能活动了。为什么明显已经死亡的僵尸，依旧能走能咬？答案可能是基因。科学家们发现，生物体死亡后，身体里的部分基因仍旧在活动，尤其是引发癌症的基因，而且，这些基因还需要补充大量的营养。这么说来，它们是有动力操控生物体行动和进食的。

只是神经反应而已。

能将生物体变成僵尸的，除了病毒，还有寄生生物。这种生物的行为完美诠释了"鸠占鹊巢"的含义，它们进入生物体后，操控着生物体的行为。而比变成无意识的僵尸更可怕的是，受控制的生物体只是四肢受控制，头脑却是无比清醒的。想象一下，你的大脑是清醒的，但你却无法动弹，或者随意走动，那是一种什么感受？问问蚂蚁就知道了。

　　被偏侧蛇虫草菌感染的蚂蚁，自身的营养会被这种真菌吸走，行为会受它控制。什么叫身不由己？这就是。

　　这还不是最可怕的。最可怕的是，偏侧蛇虫草菌不仅把蚂蚁当作食物来源，还把它们当作生儿育女的温床。如果你看到一只蚂蚁站在高高的树叶上，咬着树叶一动不动，那就是偏侧蛇虫草菌在"生孩子"。它的那些后代会钻进蚂蚁亲朋好友的身体里，重复着这样的恐怖过程。

　　面对这种可怕的真菌，蚂蚁想出了一个办法：敌人的敌人就是朋友，欢迎另一种真菌也寄生到自己身上，来阻止偏侧蛇虫草菌的繁殖，避免更多的同类遭殃。

　　弓形虫是另一种跨界感染的典型，它们最爱待在猫科动物的身上，比如猫。为了进入猫的体内，它们可能会先从老鼠下手，控制这些原本怕猫的动物，主动走到猫的面前被猫吃掉，而弓形虫就趁机进入猫的身体。

　　"好可怕，有什么办法消灭这些可怕的微生物吗？"小宁害怕地问。

　　"有。除了疫苗、药物，我们还可以请噬菌体出马。看名字就知道噬菌体是'菌'的克星，它对付细菌或真菌可是很有一手。它有办法进入细菌或真菌内，将它们消灭掉。"尹哥解释。

"太好了,我们终于不用变成僵尸了!"小华开心地说。

尹哥却表情略有些沉重地说:"虽然我们总能想出办法对付这些可怕的细菌、病毒,但历史上曾有人做蠢事,将它们作为对付人类自己的武器。

"人们发现这样不行,于是定了个协议,叫《禁止生化武器公约》。这个协议确实起到了一定的作用,可那些细菌、病毒还是存在,而且有的已经可以人工合成了,如果从实验室里泄漏出来,就会威胁我们的安全。所以,科学家要约束自己,而我们也要对未来多一些信心。"

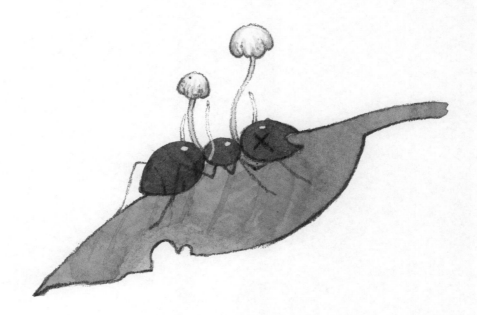

谁偷走了爷爷的记忆？

　　老人有时候会越来越像小孩，行为天真。有些人是童心未泯，有些人可能是因为生病。小华的爷爷就是这样，医生说他生病了。这种病叫阿尔茨海默病，俗称老年痴呆，不仅会让爷爷慢慢地忘记许多人和事，还会损害他的健康，最终导致死亡。

　　小华不懂爷爷为什么会生这种病，他不希望爷爷忘记自己。

希望爷爷不要忘记我。

"尹哥，我爷爷会好起来吗？"小华期待地问。

尹哥沉默了一会儿，开口说道："很难，目前的医学还没有办法治愈阿尔茨海默病。"

小华哇地哭了出来。

"别哭，爷爷的病还只是早期，可以通过药物延缓病程。"尹哥立刻安慰小华，"你的陪伴和关心，能给爷爷很大的支持。"

小华止住了眼泪，问尹哥："为什么爷爷会得这种病呢？奶奶也老说自己老糊涂了，可她却没有生这种病。"

"我们的身体会衰老，大脑也会衰老，这会让我们变得健忘。不过正常的衰老过程很缓慢，健忘的程度也不会很高，有时候仔细想一下，或是经别人提醒，就能够再想起来。阿尔茨海默病患者不一样，他们的大脑生病了，发生了实实在在的变化，没有办法正常工作，渐渐地就会丢失最宝贵的记忆。"

小宁问："尹哥，小华爷爷的大脑怎么了？我看爷爷和我们一样啊，没看出来有什么变化。"

在尹哥示意下，小D投影出正常人大脑和阿尔茨海默病患者大脑的对比图。如果把正常人的大脑比作新鲜的核桃，那阿尔茨海默病患者的大脑看起来就像是干枯的核桃，上面还有许多星星点点的东西。

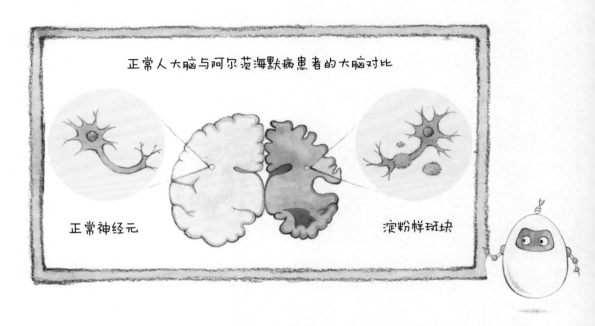

正常人大脑与阿尔茨海默病患者的大脑对比

正常神经元　　　　　　　　　淀粉样斑块

"我们可以把大脑想象成我们生活的小区，名字叫 β-淀粉样蛋白（Aβ）的蛋白质是小区里乱扔乱放的垃圾，名为载脂蛋白 E（ApoE）的蛋白质是负责清运这些垃圾的清洁工。有些小区的清洁工很多很努力，地上的垃圾很快会被运走，而有的小区的清洁工很少很不勤快，地上的垃圾往往越堆越多，将小区的通道都堵死了，人们无法回家，无法出门，无法叫外卖，最后可能会活活饿死。那些阿尔茨海默病患者的大脑，就像是清洁工不给力的小区，太多'垃圾'阻碍了他们的神经交流，健康细胞也无法存活下去，慢慢地也就死亡了。没有了生气的大脑，没有办法正常运转，最后人只能走向死亡。"

听尹哥这么说，小华和小宁都很惊讶，原来外表看起来健康的爷爷，脑袋里正经历着这样的变化。

"科学家们还在研究，到底是什么导致了大脑中这些'垃圾'的出现。有人说是病毒使坏，有人说是基因的作用，但还没有最终定论。"尹哥进一步解释说。

小华不甘心地追问："科学家们还没有想出办法治疗这种病吗？"

"科学家们一直在尝试治疗这种疾病，不断寻找新的

阿尔茨海默病患者的大脑
就像垃圾遍地的小区通道

疗法。有的疗法已经有了初步进展，但离应用在人体上还有很长的一段路要走。因为还没有明确到底是什么原因导致了阿尔茨海默病，在研制出治疗这种疾病的药物之前，医生只能根据病人的症状来进行治疗和护理。"尹哥向小华介绍了目前治疗阿尔茨海默病的办法。

一些阿尔茨海默病患者，会因为长期缺乏交流，病情恶化很快；而一些即使有相关基因缺陷的老人，如果能保持健康的作息和丰富的社交活动，多用脑，多交流，就会降低患阿尔茨海默病的风险。

如果你的祖父母表现出较为频繁和严重的健忘等症状，记得提醒他们去医院检查，尽早治疗。如果他们已经被医生确诊患有阿尔茨海默病，那就需要家人和朋友多多陪伴，好好照顾。他们是我们的亲人，疾病不是我们忽略他们的借口，也不是他们失去快乐的理由。

运动有风险，
跑"马"需谨慎

　　能健身，能减肥，还能锻炼意志的马拉松比赛，已经不只是一项运动，更是一种潮流。它一般分为全程、半程和5公里体验赛，一些小朋友和父母一起参加过体验赛，其中是否包括你呢？

　　马拉松是一项有百年历史的运动，它的诞生，却与一条生命的消逝有关。

在希波战争中，雅典取得了最后的胜利。可那时候没有电话，为了尽快将好消息传到雅典，长官派外号"飞毛腿"的士兵菲迪皮茨去送信。一口气跑到雅典城的菲迪皮茨，在说了一句"欢呼吧！雅典人，我们胜利了！"之后，就倒地身亡了。

菲迪皮茨

　　因为这场战争发生在雅典附近的马拉松海边，所以在雅典举办的首届现代奥林匹克运动会设立了名为马拉松的长跑项目，以纪念菲迪皮茨。

　　如今，马拉松是一项热门的全民运动，同时也是一项有风险的运动。长时间的跑步会对心脏造成很大的负担，如果心脏功能不强，就有可能在长时间的跑动中停止工作。

　　而且，哪些人容易在马拉松运动中倒下，从外表是无法判断的。有的人体检正常，平时看起来也很健康，还经常跑步，但仍可能在某次运动中猝死。

要了解是否有猝死的风险，需要做专业的检测才行，基因检测就能测出心源性猝死的风险。CDH2是一种与猝死风险有关的重要基因，如果结果显示这种基因存在缺陷，应该避免参加像马拉松这类极限运动。

即使与心源性猝死相关的基因正常，也不能说完全没有猝死的风险。心源性猝死的影响因素有很多，过度疲劳、兴奋、愤怒等都有可能造成猝死的结果，这需要我们在日常生活中加以预防。

如果你听大人说感觉胸闷、胸痛、头晕或头痛等，要立即让他们休息，或是去医院进行全面的检查。这些症状是身体发出的求救信号，如果不重视，后果将很严重。

每个人的身体状况或多或少都有差异，适合的运动方式也不一样。我们要爱惜自己的身体，找到适合自己的运动方式，学会科学地运动。只有这样，才能确保运动带来的是健康。

　　喝完牛奶后腹痛、腹泻的罪魁祸首究竟是谁？原来，它就是哺乳动物乳汁中的双糖，人称"乳糖"。

　　乳糖不耐受是一种普遍存在的情况。很多人适应不了牛奶，喝了免不了要多去几趟洗手间。

　　母乳中乳糖的含量比牛奶还要高，所以刚出生的小宝宝也会有这种情况。

　　为什么不同人群对牛奶的接受能力大不一样呢？对乳糖分解能力的高低，正是能不能喝牛奶的关键。

乳糖怎么分解？

　　每 100 克牛奶里，乳糖的含量大约是 4.5 克。乳糖是一种双糖，进入人体后，需要乳糖酶这个关键的拆箱分包工人将它们一一分解，才能转化成葡萄糖及半乳糖。这样一来，乳糖才能顺利地被肠道吸收。

如果工人人手不够，会出现什么样的情况呢？

没经过分解的乳糖会直接通过消化道，来到回肠的末端，或者结肠。在这里，乳糖碰到某些肠道细菌，就会开始发酵。

在发酵过程中会产生气体。这可不是什么美好的体验……这时，肚子会发胀，气体会从肛门排出，也就是俗称的"放屁"。

多余的乳糖还会带来什么后果呢？

肠道内容物的渗透压会升高，使其变身水泵，从血浆里抽水。过多的水分流入肠道，人就会腹泻。

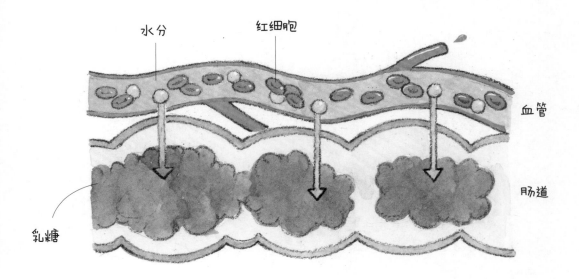

乳糖酶分泌不够，就会导致上述各种症状，也就是我们常说的乳糖不耐受。

要消化乳糖，就需要多编码一些乳糖酶。编码这种酶的基因 *LCT* 位于第二号染色体上。当 *LCT* 开启的时候，也就开启了合成乳糖酶的生产线，这就为喝牛奶做好了准备。

能不能喝牛奶，这跟基因有关

大部分中国人都是乳糖不耐受基因型，但并不是只要这部分人吸收了乳糖，就会放屁或者拉肚子。

因为乳糖是否耐受还取决于吸收了多少量的乳糖，并且轻重程度也会因为每个人体质的不同而不同。

而且只要不在短时间内喝大量的牛奶，通常并不会有什么症状。如果喝牛奶的同时，吃一些面包、点心等淀粉类的食物，也会大大减弱乳糖不耐受带来的不舒适。

其实，不只是中国人才有这种特殊的基因型，世界上很多人都存在这种情况，而且由来已久。

既然是基因惹的祸，如果这部分基因发生突变，这个问题就解决了。

7500 年前，靠着基因突变这种神奇的方式，一群可以消化乳糖的成年人出现了！

在某个时候，一名欧洲小宝宝的 MCM6 基因发生了突变，减弱了对 LCT 基因活性的影响，从而能够持续生成乳糖酶。经后世科学家研究发现，MCM6 基因能够影响 LCT 基因的功能。

当这名小宝宝长大成人，他惊喜地发现自己与众不同，可以豪饮鲜奶，无所畏惧。

这个突变的基因自然也遗传给了他的子子孙孙。从此，这一族人能持续喝牛奶，拥有了便利的营养来源，变得越

发强壮。因为身体上具有优势，他们获得了更多的繁衍机会，这个突变的基因也因此在欧洲迅速扩散开来。

很快，欧洲南部农民和放牧者因营养水平飞升，拥有了很大的优势，击败了北方依靠狩猎采集为生的牧民，开始向北进军。这些能耐受乳糖的人就成了大部分欧洲人的祖先。

到了今天，主要生活在欧洲的他们已占全球人口的35%，几乎所有人喝起牛奶来都毫无问题。

乳糖恼人，怎么避开？

牛奶中含有丰富的蛋白质，如果乳糖不耐受的人还是想喝牛奶怎么办呢？

也许，你可以喝酸奶。酸奶中的乳糖已经被大量发酵为乳酸，酸奶中所含的乳酸杆菌等细菌还自带乳糖酶，能够帮助身体分解摄入的乳糖。

你看，在南亚次大陆，大部分人也是乳糖不耐受基因型，而酸奶在他们的饮食结构中却占有重要地位，也没有引发什么不愉快。

少数对乳糖特别敏感的人，可以试一试舒化奶。利用乳糖水解技术，厂商已经帮我们把大部分乳糖提前分解好了，变成更容易吸收的半乳糖和葡萄糖。这下就可以放心饮用啦。

只要选择适当的奶制品，我们依然能够享受这份自然的馈赠！

小偷阻击战：
谁是最后的赢家？
（上）

2020 年，新冠病毒的突袭，打了人们一个措手不及。可能是在生物链的顶端站得太久了，人类有时候过于自大，自认为是地球之王，战无不胜。要知道，即使从人猿相揖别算起，人类在地球上的历史也不过几百万年，而病毒已经在地球上存在超过 34 亿年了。它们很可能是地球上最早出现的生命形式。

因为疫情，学校不开课，小华、小宁都待在家里上网课。为了安全起见，他们也很少出门，很长一段时间都没能去见尹哥。

这一天，两人商量和尹哥视频通话，来一次"云"端会面。

热情地互相问候后，三人便聊起了这次疫情。

小宁说："尹哥，为什么这次疫情叫新冠啊？难道还有'旧冠'吗？"

好久不见。

　　"这个问题有趣。"尹哥笑了笑，说，"如果你在电子显微镜下观察冠状病毒，会发现它长得很像国王头上的皇冠。

　　"病毒的体积往往都很小，在电子显微镜发明之前，人们甚至没有办法观察到它们。病毒通常由DNA或RNA链构成，和双链结构的DNA相比，单链的RNA更不稳定，它们一看形势不对就变异，实在是狡猾得很。在已知的RNA病毒家族里，冠状病毒的基因组是最大的，足有30000个碱基呢。"

　　尹哥接着介绍："冠状病毒有许多种，目前已发现有7种能感染人，引发这次疫情的冠状病毒是其中一种。像2003年暴发的SARS、2011年流行的MERS（中东呼吸综合征）的致病病毒，也都是冠状病毒的一员。为了与之前的冠状病毒区分开来，这次疫情的罪魁祸首被称为新型冠状病毒，它引发的病症叫作新型冠状病毒肺炎（COVID-19），简称新冠。实际上，新冠病毒与SARS病毒是同宗兄弟，二者有不少相似之处，但在传播能力上，新冠病毒比SARS病毒强多了。"

　　"尹哥，新冠病毒怎么那么厉害啊？"小华问。

尹哥回答："不只是新冠病毒，许多病毒都不简单。病毒属于微生物家族的一员，而且是其中的狠角色。作为地球上的老资格，它们分布在这个星球上的各个角落。作为生命的始祖，各个物种身上都有病毒的痕迹，我们人类的基因组中，也有一定数量的基因来自它们。我们演化成今天的样子，很有可能也有它们的功劳。

"它们有自己固定的住所，但也会时常搬家，在不同物种之间交流，是它们的日常消遣。当它们旅行到人体这一站时，大多时候都会掀起一阵波澜。"

小宁惊讶地问："旅行？病毒为什么要到处跑呢？"

人类有8%的基因来自病毒。

　　"有时候并不是它们主动想旅行，而是原本的生活受到了影响，没办法才要搬家。比如，有的病毒本来在蝙蝠身上待得好好的，它们和蝙蝠井水不犯河水。人偏偏要把蝙蝠抓来吃掉，病毒为了生存，可不得搬家嘛。"尹哥说。

　　小华皱着眉头问："这么多人感染新冠病毒，也是他们吃了不该吃的东西吗？"

　　"有研究显示，SARS 病毒可能由果子狸传播给人，MERS 病毒可能由骆驼传播给人，而新冠病毒的传播源很有可能也是动物。天下美食那么多，那些人偏要冒险挑战不能吃的，这样的行为实在令人费解。"尹哥不赞同地摇了摇头。

果子狸　　　　　蝙蝠　　　　　穿山甲

"新闻上说，三文鱼也检测出新冠病毒了。三文鱼也会感染新冠并传播给我们吗？"小宁插话道。

尹哥摆了摆手，说道："我认为三文鱼可不该背这个

锅。新闻上说的是，在切三文鱼的案板上检测出了新冠病毒。检测出的病毒是否具有活性暂且不提，鱼类感染新冠病毒的可能性是极低的。目前看来，新冠病毒只会感染哺乳动物，而且主要通过'特定通道'侵害肺部。鱼可没有肺，也没有哺乳动物的'特定通道'，所以是不容易感染新冠的。其实不只是鱼，鸟类、爬行动物都不容易被感染。当然，疫情期间，为了安全起见，还是尽量少吃生食，食物煮熟了再吃。要知道，新冠病毒怕高温，哪怕食物上沾染了病毒，持续一段时间的高温也能灭掉它呢。"

爱吃的时候夸人家美味，疫情来了当我是瘟神，你们人类还真是善变哪!

小偷阻击战：谁是最后的赢家？（下）

　　对于病毒究竟是如何感染人的，小华脑袋中依旧充满着太多的问号。趁着这次云端见面的机会，小华决定打破砂锅问到底。

　　"新冠病毒究竟是怎样进入人体的呢？"小华缠着尹哥问道。

"当我们接触到具有活性的新冠病毒时，它们就会从我们的呼吸道进入体内。对于它们的侵入，人体免疫系统不会袖手旁观。如果说病毒是小偷，那我们身体里担任警察职责的就是抗体，它们从免疫系统这座警校毕业后，被分配到各个岗位，专抓对口的小偷。

"病毒一看，哎哟，来抓我了，改个装扮吧！为了躲避免疫系统的追捕，它们开始变异。抗体警察一看，不认识啊，就无动于衷，于是病毒就钻了空子，突破人体防线开始肆虐。"

小宁举着手中的免洗洗手液，问："大家都说戴口罩、勤洗手、多消毒能预防新冠，这是真的吗？"

尹哥点点头："这是有效的预防手段。虽然病毒只有在细胞里才能繁殖，但不代表它离开生物体就会死亡，它会飘浮在空气中，寻找机会再度进入生物体。所以我们一定要做好预防。

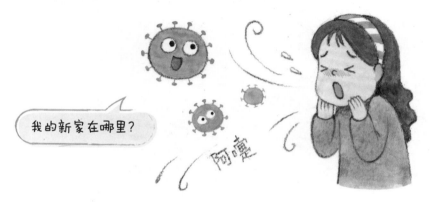

　　"如果新冠病毒没有进入人体，而是附着在人体表面或物体表面，它们有可能具有活性，也有可能失去了感染能力。当然，这种情况下我们也不能掉以轻心。为了防止病毒接触眼睛、鼻腔、口腔等部位的黏膜而致病，洗手、消毒工作还是要做的，不怕一万，就怕万一嘛。"

　　小宁有些怯怯地问："那要是新冠病毒进入人体了呢？它是怎么让我们生病的？"

　　尹哥朝小 D 招了招手，说道："来，小 D，给我们展示一下新冠病毒的致病过程。"

小 D 一摇一摆地过来了，它不紧不慢地讲着，屏幕上开始出现新冠病毒感染人的过程。"当新冠病毒接触到人体黏膜后，便开始寻找细胞，打算复制自己。和其他大多数病毒一样，它的遗传物质外面也裹着一层蛋白质，用来迷惑细胞，这层蛋白叫刺突蛋白，也称 S 蛋白。它会与细胞上的受体 ACE2 结合，结合的过程就像拿钥匙开锁一样，然后它就能大摇大摆地进入细胞了。新冠病毒之所以传染力这么强，与它的 S 蛋白与受体 ACE2 结合能力更强有关。"

尹哥补充道："我们了解了新冠病毒感染细胞的原理，就能研制药物和疫苗了。"

小华和小宁听了都很兴奋："我们能攻克新冠啦？"

"还早，"尹哥摇了摇头说道，"才走出了万里长征的第一步。要知道，我们研究了那么多年的艾滋病、SARS，至今也没有研制出疫苗和特效药。"

听到这句话，小华和小宁明显有些失望。尹哥紧接着又说："虽然暂时没有在现有药物中发现治疗新冠的特效药，而且新研发的话，一般来说需要十年以上的时间，但我们倒是可以期待疫苗。世界卫生组织 7 月 7 日公布的候选疫苗有 160 种之多，其中 21 种已经进入临床试验阶段，另外 139 种处于临床前阶段。

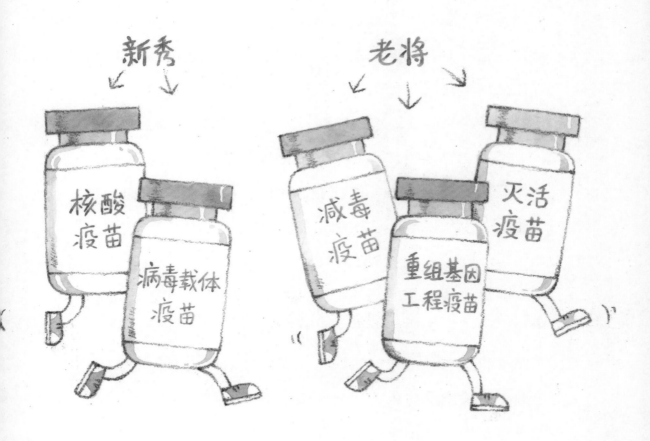

"不同的疫苗技术各有优劣，见效快的安全性不一定好，持续作用时间长的成本又高。但它们的目标都是一样的，那就是刺激人体的免疫反应并产生抗体，等下一次新冠病毒侵入时，能够一举歼灭它们。

"抗疫方法不嫌多，最好的做法是多种方式同时进行，既需要个人有好的卫生防疫意识，也期待国际科研团队的突破进展。在药物和疫苗没有出现的时候，我们最需要做好的是病毒检测、隔离的防疫工作，隔绝病毒的传播路径，这样才能最大限度地减少感染。"

"我爸爸出差之前就做了检测呢，他说检测的过程可不好受，医生会拿长长的棉签从嘴巴伸进去，一直伸到喉咙里。"小华说着，还咳嗽了两声，仿佛那根棉签就在他喉咙里一般。

"这是咽拭子检测法，为的是沾取咽喉黏膜部位的分泌物。这个过程确实会让人感觉不舒服，但如果真的感染了病毒，咽喉分泌物中的病毒含量比唾液中的高，从咽喉中取样的检测结果也会比检测唾液来得准确。如果说做检测是帮助警察抓小偷的话，那病毒多的情况就相当于聚集的小偷团伙，行踪往往更容易泄露。"尹哥解释道。

咽拭子检测法

　　小宁忍不住问道："尹哥，我们什么时候才能恢复过去那样的生活呢？"

　　"新冠病毒可能会像流感一样，具有周期性、季节性和社区传播性，在有效的疫苗和药物出现之前，我们很可能要和新冠病毒长期相处，这对我们的生活方式提出了新的要求。相信经过这次疫情，你们已经知道该如何与病毒安然相处了吧？"尹哥笑问道。

　　"戴口罩。"

　　"勤洗手。"

　　"少聚集。"

"不吃野生动物。"

....

小宁和小华你一言我一语地说了起来，说着说着，三人都忍不住笑了。

戴口罩

勤洗手

少聚集

后记

埋下种子，静待花开
说孩子听得懂的生命科学

奇思妙想 vs 踏实求知

　　我的童年时代是泡在书海中以及奔跑在田野里度过的。我的父母酷爱读书，印象中家里的藏书不下一万本。父亲在我年幼的时候就常给我讲《山海经》《西游记》，母亲则会挂着相机带我去拍花草，做标本。在能自主阅读后，我自然对《昆虫记》《本草纲目》等书兴趣盎然。不只乐于阅读，我还勤于实践。我着迷于生物的多样，鱼、乌龟、豚鼠、兔子、猫、刺猬……都是我家里的常客，养宠物的

过程中，我也收获了颇多乐趣。

回溯孩提时代，似乎我的人生选择，在那时候就打好了底色。

高中临近毕业时，我获得了多所大学的保送机会。我选择大连理工大学的原因，是它列了 64 个专业供我挑选，其中就有生物工程。

如果说童年对生物的兴趣与光怪陆离的想象有关，那么成年后走上生命科学的研究道路则源自踏实求知。

在华大基因工作期间，我读了博士，主持了不少科研项目，发表了 40 多篇论文。担任 CEO 职务后，我发起了不少公益计划，也开展了一些科普项目，为对生物

科技感兴趣的朋友讲述科学故事。读者朋友中有不少小朋友，每次看到家长发来的肯定，我都欣慰不已。我和团队小伙伴们还常在中小学乃至幼儿园开办科普讲堂，孩子们的求知热情让我振奋，他们的知识面也让我惊讶不已，越发觉得科普是一件有意义的事。

在我小的时候，科普书的种类并不多，印象中只有《十万个为什么》《百科全书》是给孩子看的。到了我的

孩子这一代，我发现好的科普书多了许多，每每在亲子阅读时，那些优秀的科普书连我都看得很入迷，仿若童年重新来了一遍。但这些经典科普书大都引进自国外，不少科普大 V 推荐的少儿科普，绝大多数也来自国外。这也是我决定推出这套少儿科普的原因，我要让中国的孩子能看到本土原创的科普书。

在个人的成长过程中，我感受到，孩子的兴趣是能影响他的人生选择的。兴趣是最好的老师，如果说 21 世纪是生命科学的世纪，这 100 年里，中国的生命科学发展，有赖于几代孩子自发投身其中，希望有正在看这本书的孩子的身影。

静待花开 vs 拔苗助长

当孩子问你"我是怎么来的"时，你是怎么回答的？当孩子问你"为什么我们和蚂蚁不一样"时，你又会如何解释？与得到回答相比，学会提问是孩子更大的进步。在孩子问出有价值问题的时候给出同样有价值的回答，则是对父母更高的要求。

　　焦虑是现代父母的普遍心理。现代社会的精英教育模式与孩子出生便面临的竞争，不仅给孩子压力，父母也不轻松，恨不得让孩子样样精通，拥有十八般武艺。

　　事实上，生有涯，知无涯。孩子面对的是复杂而未知的世界，教会他如何与世界和自然平和相处，让他在俗世中感受幸福，是父母应该做的事。幸福感如何获得？比如求知探索，建立自信，找到兴趣所在，持之以恒地探索。

　　已知圈越大，未知圈也越大，求知不是单纯地学习知识，更多的是一种思维方式的锻炼，教会孩子从万变中找出不变，将未知变成已知，且不惧未知。

　　组成我们每个人基因的基石都是一样的，都是 A、T、C、G 四种碱基。你和万物相联结，和路边的野草是远亲，和鱼有 63% 的基因相似，和黑猩猩基因相似程度达 96%，和路人有 99.5% 相似的基因，遑论你的孩子，他们和你有着最深的羁绊，最亲密的缘分。孩子的基因全从父母处来，但他们的人生却不受父母的限制。他们是自由的，是创造了奇迹的生命。

不要试图逼迫孩子对什么东西感兴趣。如果你想引发孩子对生命科学的兴趣，不妨自己先读这本书，然后化身尹哥，和孩子交流。相信孩子的问题会让你惊喜，你们之间的交流会让你惊讶。那是生命的神奇——一个弱小的、曾被全天候照顾的宝宝，脑袋里却藏着整个宇宙的奥秘。你会为此感到幸福。

沉浸式阅读

既然我立志要"说你听得懂的生命科学"，这个"你"，自然也包含孩子。在《生命密码》的知识点基础上，少儿版既做了难度上的简化，也用漫画的形式丰富了内容，以引发孩子们的兴趣，便于孩子们理解。

我们努力将每一个故事的发生场景化，让孩子们进入角色，沉浸其中，在体验中学习。

　　我们尝试为知识点配上漫画，通过视觉化效果既浅显又生动地传递信息。

　　相较于知识填鸭，我更倾向于互相提问和启发式地学习。我们把自己的思维放在和孩子的思维同一高度，平等地进行朋友式的沟通，激发孩子的内啡肽驱动性，让他由兴趣开始，去自发地学习。毕竟，科学也并非永远正确，但科学的价值就是让人类的认知在不断被推翻中前进。

　　故事里的小华、小宁，可以是我们身边每一个脑袋里装着十万个为什么的孩子。借他们之口，我们在问答中沟通，体会生命科学的趣味。如果你也有自己关心却没从书中得到解答的问题，欢迎在"尹哥聊基因"公众号留言告诉我们。

　　在我的想象中，会有那么一个早晨，当我老去的时候，有人敲开我的门，告诉我有多少孩子，是在童年的时候得到正确的引导，产生了对生命科学的兴趣，推动了生命科学的发展。这是世界的幸运，也是我的幸福。

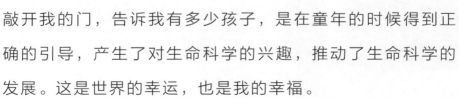

谢谢你选择这套书，我们离"让生命科学流行起来"的目标又近了一步。少年强则中国强，当孩子对生命科学感兴趣，我仿佛已经看到了中国生命科学持续引领世界的未来。